非标准建筑笔记

Non-Standard
Architecture Note

非标准院落

当代毯式建筑"非常规院落组织"

Unconventional Courtyard
Organization

丛书主编　赵劲松

张　玥　编　著

中国水利水电出版社
www.waterpub.com.cn

·北京·

序
PREFACE

关于《非标准建筑笔记》

　　这是我们工作室《非标准建筑笔记》系列丛书的第三辑，一共八本。如果说编辑这八本书遵循了什么共同原则的话，我觉得那可能就是"超越边界"。

　　有人说："世界上最早意识到水的一定不是鱼。"我们很多时候也会因为对一些先入为主的观念习以为常而意识不到事物边界的存在。但边界却无时无刻不在潜移默化地影响着我们的行为和判断。

　　费孝通先生曾用"文化自觉"一词讨论"自觉"对于文化发展的重要意义。我觉得"自觉"这个词对于设计来讲也同样重要。当大多数人在做设计时无意识地遵循着约定俗成的认知时，总有一些人会自觉到设计边界的局限，从而问一句"为什么一定要是这个样子呢？"于是他们再次回到原点去重新思考边界的含义。建筑设计中的创新往往就是这样产生出来的。许多创新并不是推倒重来，而是寻找合适的契机去改变人们观察和评价事物的角度，从而在大家不经意的地方获得重新整合资源的机遇。

我们工作室起名叫非标准建筑，也是希望能够对事物标准的边界保持一点清醒和反思，时刻提醒自己世界上没有什么概念是理所当然的。

　　在丛书即将付梓之际，衷心感谢中国水利水电出版社的李亮分社长、杨薇编辑以及出版社各位同仁对本书出版所付出的辛勤努力；衷心感谢各建筑网站提供的丰富资料，使我们足不出户就能领略世界各地的优秀设计；衷心感谢所有关心和帮助过我们的朋友们。

天津大学建筑学院

非标准建筑工作室

赵劲松

2017 年 4 月 18 日

目 录
CONTENTS

序　关于《非标准建筑笔记》　　　　　　　　002

01　解读毯式建筑　　　　　　　　　　　006

PART 1　毯式建筑缘何而起　　　　　　　008
PART 2　早期毯式建筑的空间组织方式　　　018
PART 3　当代毯式建筑的新发展　　　　　030
PART 4　当代毯式建筑的空间组织方法　　　036
PART 5　当代毯式建筑的核心空间转变　　　048

02　当代毯式建筑的非常规院落组织　　　054

PART 1　标准几何形组合中的院落植入　　　056
PART 2　离散单体集合中的关联性院落　　　076
PART 3　茎干生长模式中的院落增殖　　　098
PART 4　螺旋关系场中的院落融合　　　　108
PART 5　多元素变化呈现动态院落　　　　120

01

解读毯式建筑

　　毯式建筑（Mat-building），顾名思义，就是在形式上像地毯一样附着于大地表面，在水平方向具有大尺度的延展性以及肌理化的空间组织结构的建筑。在 20 世纪中期，建筑组织"十次小组"（Team 10）受到当时结构主义思潮的影响，提出并发展了这一建筑原型，旨在对早期现代主义强调功能主义、机械主义，忽视人类社区生活的态度进行批判和修正。

　　如果建筑并非作为一种符号而是以一种微观城市的状态存在于城市当中，那么建筑与城市、建筑与环境、建筑与人的关系是否就可以被重新定义？基于这种思考，"十次小组"开始寻求一种本身就能表现社区生活和社会复杂性的建筑原型，即毯式建筑。他们从建筑与城市的个体与整体的关系出发，采用建筑城市化和城市网络化的手法，对毯式建筑的可行性进行了不断的实践，例如 1955 年凡·艾克设计的阿姆斯特丹孤儿院、1962 年布罗姆设计的诺亚方舟方案以及 1968 年赫兹伯格设计的比希尔办公楼等。随后，毯式建筑逐渐发展成为一种建筑运动，盛行一时。

PART 1

毯式建筑缘何而起

不可否认，毯式建筑在当时的建筑领域是标新立异的。我们不禁好奇，是什么原因导致了毯式建筑在彼时出现，又是基于何种诉求，以这种形式出现？

　　回溯 20 世纪中期的现代主义建筑发展，已经逐步走入了功能主义、机械主义编织的困境。正如建筑大师柯布西耶所述"住宅将是'一个工具，就像汽车是一个工具一样'""住宅将是'居住的机器'"等。现代主义建筑师试图用他们所推崇的机械的功能主义、最低限生存、严格的标准化、用经济效益替代美等一系列现代主义纲领建造出一个"精致而高尚"、严丝合缝的理想国。

现代主义的乌托邦幻想

光辉城市就是现代主义大师柯布西耶创造的乌托邦的终极面貌。这是一座完全消除了传统城市中的街区、街道、内院等概念的城市。柯布西耶用大扫除的方式把那些在他看来拥挤不堪、充斥着无聊生活的街区和街道彻底扫尽。

12 ~ 15 层高的住宅楼以锯齿状蜿蜒盘旋在城市中。高速公路以 400m 的间距呈网格状分布在楼宇之间，个别地方则穿楼而过。

所有住宅楼底层全部架空，高速公路也全部建造在 5m 高的空中，整个地面 100% 都留给行人和绿地、沙滩。

办公和商业区域与住宅区相分离，通过高速公路相连。60 层高的办公楼每隔 400m 布置一座，各个方向都与高速公路相连。

工厂区分布在与商业区相对的方向上。还有大学和体育场，它们被安排在另一条轴线的远端，远离城市。所有这些都严格按照功能区分，全部都通过高架的高速公路、地面铁路和地下铁路联系在一起。

在光辉城市中，柯布西耶把城市看做一个"生存空间"，把城市生活的一切都看做功能需求。大刀阔斧地用"高尚的"新秩序打破旧秩序，建立起人人平等、秩序井然的理想城市。在这里，人们只被允许吃饱饭，快速地到达工作岗位，高效率地工作，下班后去公园锻炼身体，回家睡个安稳觉，然后第二天继续吃饭、上班、锻炼、睡觉。而人类作为"人"而非机器的世俗情感需求、休憩需求，例如随意逛逛马路、泡茶、闲聊、路边下棋、无所事事等，都被认定为是没有意义的"消极活动"。

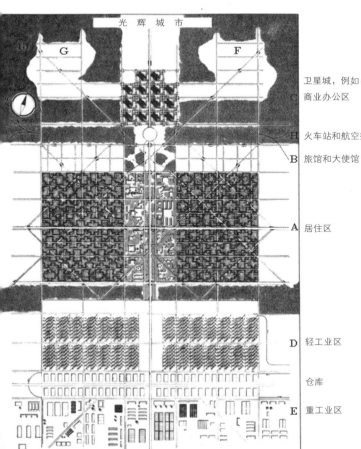

卫星城，例如：政府办公建筑或社会研究中心等

商业办公区

火车站和航空摆渡站

旅馆和大使馆

居住区

轻工业区

仓库

重工业区

光辉城市总平面图

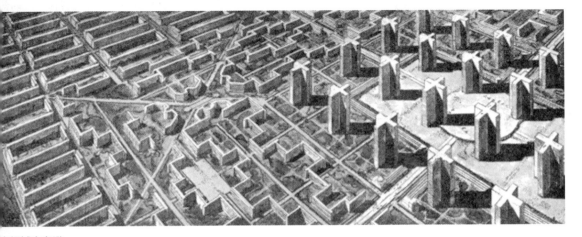

光辉城市鸟瞰

找回失去的"消极活动"

　　现代主义建筑中，单纯的功能合理和简单的功能之间的联系并不能应对人们所面临的生活中的复杂性，并且建筑与城市的关系也越发地割裂和对立。人们逐渐认识到正是在光辉城市中被抹杀的差异性个体的存在、个体的情感和个体的选择造成了人类社会的多样性、意识形态的多样性以及城市空间的多样性。而这些都源自于人性最根本的需求，是最不可抹杀的。因此诸如跟随街头艺人的音乐摇晃，胡同中邻里相约下棋，在露天咖啡店喝着咖啡看看夕阳，这些所谓的"消极活动"正是人类生活中十分重要的组成部分，是人之所以为人而非机器的情感诉求所在。因此，找回失去的"消极活动"，重新引入到人类的社区生活当中，成为毯式建筑的重要诉求之一。

街区中的"消极活动"

结构主义思潮的影响

对于丢失的"消极活动"的重新获得是毯式建筑的一大功能诉求，而其形式的产生则是受到了当时结构主义思潮的影响。当时，第二次世界大战给人们的物质生活和精神带来了巨大的创伤，这使得人们开始追求个人自由和选择自由，标榜个性独立和个人的存在价值，这就是存在主义思想盛行的原因。但在战后的 10 余年中，资本主义经济开始逐渐复苏并飞速发展，一个能够保证社会各项机制有序运转的相对稳定和谐的建设环境在此时显得尤为重要。在这种情况下，个人的存在价值以及个性自由不再是人们追求的主要核心，而探寻一种能够保持相对稳定并且可以自我调节的社会结构，以保证经济的稳定发展成为整个社会的首要诉求。在这种社会背景下，强调整体优先性的结构主义哲学思想应运而生。

结构主义并非是一种哲学学说，而是 20 世纪下半叶众多社会学家、人文学家用来分析文化、社会和语言的一种方法。广义而言，结构主义试图探讨用怎样的结构关系可以把一个文化或社会意义企图表达出来。其理论的核心是：世界是一个各种事物相互关联的系统，关系是世界上万物存在的本质，结构即是这些关系的载体。结构主义的研究方法将人类社会研究带入了一个系统论的研究阶段。

这一认识世界的思想和方法对当时的语言学、艺术、建筑等多个领域产生了广泛的影响。在建筑领域，结构主义思想为思考城市与建筑之间的二元对立关系提供了一个新的思路，结构主义于此时所生发的建筑观，重点在于阐发了"集体形式"的概念，即许多空间单元的个体通过遵循一定的法则，建立起一个完整空间系统的建筑。

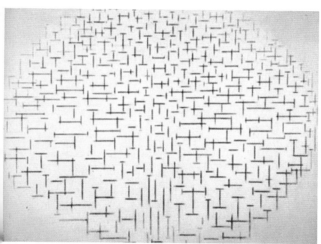

海堤与海（蒙德里安 绘）

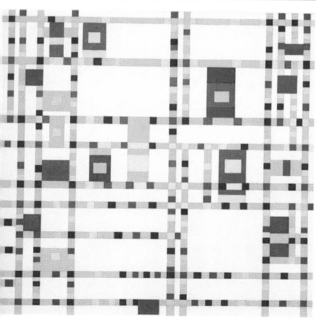

百老汇爵士乐（蒙德里安 绘）

毯式建筑原型的诞生

在这种情况下，以"十次小组"（Team 10）为代表的一批当时年轻的新锐建筑师开始对现代主义进行反思，加之结构主义思想的影响，建筑这门学科也开始发生结构主义革命。

"十次小组"的主要成员包括史密森夫妇（Peter & Alison Smithson)、阿尔多·凡·艾克（Aldo van Eyck）及赫曼·赫兹伯格（Herman Hertzberger)等人。他们认为建筑的研究已经不能仅仅停留在体量、功能和形态的相互转化这一表层问题，其内在关联的契合或规律性，应该成为城市背景之下建筑研究的主要方向之一，这场结构主义的建筑革命就是基于建筑与城市之间关系的思考。其根本诉求也从满足人们的基本物质需求发生了两点本质转变：

一是如何从强调建筑作为物质改善的手段转变为产生更大个人自由的手段。建筑师对于改善城市生活的目标开始转向城市环境的现象学体验问题。

二是如何在现代建筑中重新引入"社区生活"的体验以及可清晰识别的组织和社会动态。

基于这两点根本诉求，"十次小组"开始寻求一种本身就能表现"社区生活"和社会复杂性的建筑原型，即毯式建筑。他们从建筑与城市的个体与整体的关系出发，采用建筑城市化和城市网络化的手法，对毯式建筑的可行性进行了不断的实践，并提出了诸如"数量美学""茎干与网络"等操作手段。这些实践都运用了空间编织、渗透的操作手法，表达了对建筑的社会性的关注，并展现出水平延展的肌理化空间形态。此时，毯式建筑逐渐发展成为一种建筑运动，盛行一时。

虽然毯式建筑现象在 20 世纪初期就已初见端倪，但是直到 1974 年，艾莉森·史密斯（Alison Smithson）才在发表的《如何认识和阅读毯式建筑》中，对毯式建筑作出了一个相对明确的定义："它是对匿名的集体的概况，用功能复杂了肌理，个体通过新的秩序获得新的活动自由，这一秩序基于组织紧密的关联模式之上，允许生长、减少、改变的发生。"

从这一概念当中我们可以总结出毯式建筑的三个特质：

·变与常的合一性。以不变的人性为基础而确立不变的结构，并容许成长与改变的弹性。

·中介性。使冲突的两端调和一致，并借着中介得以彼此交替、相互作用。

·场所感。用以取代的时空观、场所与情境构成了存在的条件，使人于空间中产生互动与情感的交流。

PART 2

早期毯式建筑的空间组织方式

早期毯式建筑的空间组织方式建立在结构主义理论的理想之上，希望将大众生活的深层模式完美赋予表面形式，用直接简明的建筑语言将意义与形式合一，从而创造出形式自身就能显示社区生活的建筑。"十次小组"的毯式建筑实践者以经典欧氏几何为操作基础，创造了一套构建模数化系统的操作手法，试图将人类的心理结构与几何关系完美结合。

　　早期这些以构造模数系统的毯式建筑呈现相似的形态特征，但是毯式建筑的组织形式并非只局限于表面上水平方向的无限延展以及网络化的空间形态，其真正的核心是控制内在组织结构的操作性策略，包含内在的编织、折叠、渗透、交错和打结等。早期毯式建筑构建模数系统的操作方式试图将这种物质性的编织体系与空间和事件性的编织完美匹配。许多毯式建筑作品不仅完善了物质性的编织体系，也体现了空间、事件性的编织效果，这是一种将过去、现在以及可预测与不可预测的未来共同重组的结果。

从凡·艾克针对"大量性、模数性"需求，以聚落原型为基础提出的"数量美学"（The Aesthetics of Number），到史密森夫妇针对城市机能优化而进行的"网格"探索，再到乔治·坎迪里斯（George Candilis）的茎干与网状理论，均是从城市结构的基础上进行的模数化空间组织方法研究。这些研究也反映了结构主义的观点：文化的深层结构决定文化的表层现象。

1. 凡·艾克的数量美学

　　毯式建筑的代表人物凡·艾克根据其对多贡聚落的调研，提出了"数量美学"的概念，表明了他对于建筑和作为一个整体的城市设计的看法：面对大量的住宅需求问题，克服来自"数量"的威胁，必须要扩展我们的美学感觉，去发现在连续或重复规律下的有些被遗忘但始终隐藏着的统一和变化的古老法则。多量的建筑物经统一的外形及和谐的律动，成就了城市的美学。

2. "茎干"结构

　　"茎干"结构所形成的城市形态是一种多触角的蔓延扩展形式，就像是植物的树枝分叉那样根据不同的条件和变化情况不断伸展。"茎干"作为线性元素，扮演着城市中连接服务体（配套设施）与被服务体（住宅）的角色，是城市活动和发展的主干，它既为住宅间的居民提供联系的通道，同时也联系为住宅服务的各种设施。

3. 网络模式

　　如果说"茎干"的概念只是一种点线结合的线性关系，那么"网络"则是一个将"茎干"进行相互编织与填充的过程，同时也是一种建筑社会化的过程。因此网络的概念包含了空间中不同社会层级关系的交织与变化，是一种潜在秩序之下复杂性的重构。

凡·艾克的数量美学

毯式建筑早期的代表人物凡·艾克把操作的重点更多地放在从个体到整体的形成过程中对数量的"人性化"的关注，正如他所说："如果没有容易感受的数的关联，数量就不能被赋予人性。"1959 年，凡·艾克提出了"数量美学"的概念，他认为能够反映数量美学的建筑特征包括以下几点：

· 标准化的建筑规格。

· 复制相似或不相似的基本居住单元。

· 复制相似或不相似的基本单元组。

· 复制更大的居住单元组，允许发生可能的转变或突变。

凡·艾克强调，基本居住单元的复制必须同时保持个体和整体的复杂性，这就要求个体单元必须具有强大的构型潜力、可变性和可持续性，这样整体才不会凌驾于个体元素之上，这就是他所说的"动态平衡"。如果每个单元的属性和外延意义都能在复制过程中保持独特性并各司其职，也许是解决工业生产条件下大量性建造后出现的诸多问题的一条出路，可以使人的生存环境摆脱枯燥和单调，同时社区和街道也能重新获得多样性。正如个体如何在集体中寻求定位一样，在凡·艾克的数量美学理论中，基本居住单元要对多个层级的环境都具有一定程度的适应性，寻找自己对应各个层级的可读性。在纳格里村庄 (Nagele Village) 的项目中，凡·艾克把整个村庄布置成一个开敞的中心，四周围绕着由住宅组成的围合带，同时分为大小不同的 5 组住宅簇，分别由多个住户单元组成。每一个住宅簇都具有一个公用的场地，这些场地都同时具有室内、室外的性质。同时住房和城市形成一组对应物，"住房成了一个小城市，而城市成为了一个大家庭"。

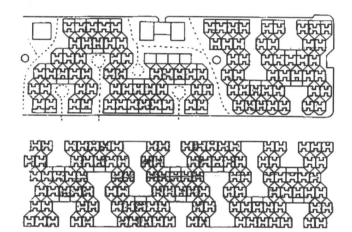

Lima Peru通过住房增殖来表达数量美学（凡 · 艾克）

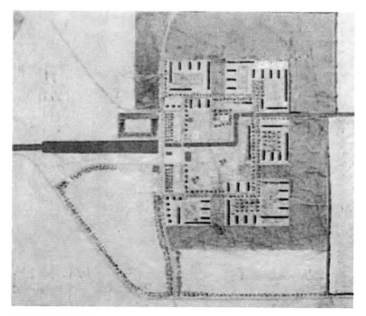

纳格里村庄平面图

阿姆斯特丹孤儿院

阿姆斯特丹孤儿院是凡·艾克前半生最重要的作品之一。阿姆斯特丹孤儿院有一套非常清晰的模数系统，采用3.36m见方的基本模数体块重复组织，间以庭院，从剖面图上，能清晰地看出模数化痕迹。在这个建筑中，"实"的功能空间和"虚"的公共活动空间以同样大小的方格组成，再由方格的拼接形成建筑群体的复杂性。孤儿院的形式伴随关系的产生而产生，建筑元素和空间之间的关系随着相同单元的尺度变化而变化，它是践行"数量美学"的典型作品之一。

剧院和体操房　行政和档案
14~18岁儿童
医生和员工
员工和图书馆　　　　到自行车棚的入口
14~18岁儿童
车库　　队长住处
服务厅
10~14岁儿童　　中央库房
中央厨房/主管住处
10~14岁儿童　　6~10岁儿童
4~6岁儿童
舞会大厅
2~4岁儿童
病房
婴儿房

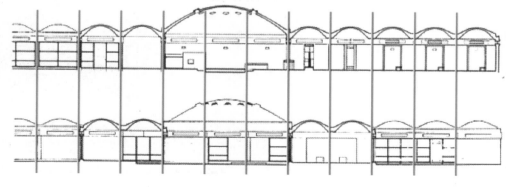

比希尔中心

受到凡·艾克的影响，比希尔中心（Central Beheer）一期办公大楼的设计者赫曼·赫兹伯格 (Herman Hertzberger) 也是"数量美学"的践行者，正如他所说："事物的增大只能是许多自身很小的单元的复合，并且由于总是把事物做得太大、太空，就会产生一种冷漠和不可接触的距离感，这样，建筑师便首先制造了疏远和不友好的效果。"比希尔中心一期办公大楼采用的就是类似的单元的结构模式。每一个单元形成一个个性化的工作平台，每个员工可以根据自己的需要自行布置。这些单元模块被三维方向生长的交通流线连接在一起，或相互独立，或因不同的需求连接在一起，体现出极强的空间灵活性。

茎干模式

基于凡·艾克"数量美学"的思想，"十次小组"的重要成员乔治·坎迪里斯（George Candilis）、亚历克西斯·约西齐（Alexis Josic）和沙德拉赫·伍兹（Shadrach Woods）针对网络化建筑和城市提出了"茎干和网络"的规划理念。"茎干"作为线性元素，扮演着城市中连接服务体（配套设施）与被服务体（住宅）的角色，是城市活动和发展的主干，它既为住宅间的居民提供联系的通道，同时也为居民提供了各种住宅服务设施，如商业、文化、教育、娱乐设施以及步行道、汽车道、公用管线等。

不同于以往的直线型或方格网状城市，"茎干"结构所形成的城市形态是一种多触角的蔓延扩展形式，就像是植物的树枝分叉那样根据不同的条件和变化情况不断伸展。伍兹认为一个城市结构不应该是一种规整的几何形态，因为它并不是以人的活动为立足点。相反"茎干"结构是基于人的活动与空间的实践相适应的组织方式。它的发展和延伸随着时间和地点的改变而变化，是一个真正符合城市成长的结构模式。例如设计庞大连续的基础设施，确立骨架自由随意地安排填充物。正如库哈斯所说："普通城市是单一简单结构的无限复制，人们甚至可以从它的某一个最小单元入手对整个城市进行重构。"

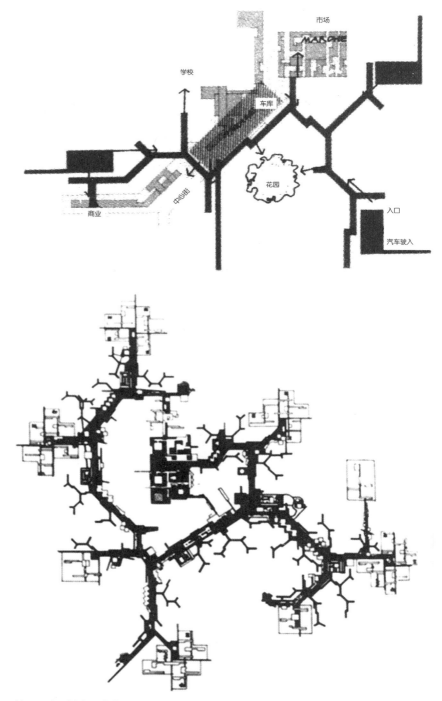

市场

MARCHE

学校

车库

中心街

商业

花园

入口

汽车驶入

社区尺度和城市尺度茎干模式图解

网络模式

如果说"茎干"的概念只是一种点线结合的线性关系，那么"网状"则是一个将"茎干"进行相互编织与填充的过程，同时也是一种建筑社会化的过程。弗特弗里德·森佩尔 (Gottfried Semper) 在 1860 年发表的《Gottfried Semper，Style in the Technical and Tectonic Arts or Practical Aesthetics》中强调"建筑通过肌理的组合来定义社会的空间"，因此网状的概念包含了空间中不同社会要素关系的交织与变化，是一种存在于潜在秩序之下的复杂性重构。于是，坎迪里斯－琼斯－伍兹事务所三位成员从"网状城市"概念出发，对从建筑城市化到城市网络化所需进行的物质与行为进行研究，并进行了不断的交流与实践。伍兹指出"网状"是"一个高度复合、无中心或多中心、端部开放以及可以在其中的任意位置插入子系统的组织"。其流通性的特征与灵活性特征有机组合，使城市形成一个相互联系的网络并编织成最终的流通网络。关于网状城市的设想不仅表现了一种不断演变产生新层级的理性过程，而且还建立了一种将建筑融入城市的逻辑系统，因此可以看做现代网络化城市体系概念的雏形。

"网络"的概念不同于凡·艾克的"数量美学"中相同要素进行尺度变化后的组合，它不是简单的低层低密度的概念，而是包含了不同层面的空间的编织与变化。那么这种"网络"的隐喻，正如艾莉森所言："'网络'不仅被看做一种合理的生活模式与服务系统，同时也应当符合当前文化需求的标准。"

柏林自由大学

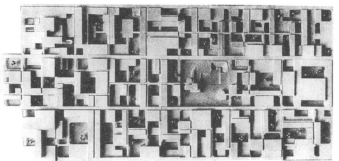

伍兹在 1963 年创作的柏林自由大学综合教学楼可以称之为对"网络"理念的探讨与实践。

在建筑师最初的设计提案中，综合楼是一个格网状的"城市"，或者说是城市的一部分。伍兹认为，城市的街道已经被汽车破坏了，被《雅典宪章》破坏了。建筑师想将"街道"重新引入设计和城市生活。这个网络结构具有灵活性和适应性的特点，没有任何一种功能的重要性是超然于别的功能之上的。每个院系都是开放的，没有"系馆"，各个部门之间是透明的，没有阻碍，没有隔阂，没有门、墙以及其他身份识别系统。学校呈现出开放的姿态，在功能上，它是混合的，容纳混合了多种空间。

PART 3

当代毯式建筑的新发展

20 世纪末期，毯式建筑重新出现且发展成为一种普遍性的建筑现象，并具有了不同的语义。当代的毯式建筑延续了关系弱化形式的思想，并在不同建筑师的实践中发展出多样的操作手段。同时，又在场域理论（field theory）的影响下，开始探寻与城市、环境和景观的新关系。

　　这一复兴现象同样也受到了新社会背景的影响。20 世纪末，随着科学技术的革命和资本主义的高度发展，西方社会进入"后现代主义社会"，也称作信息社会、消费社会。其在社会、文化、生活方面的特征如下：

　　·社会生活的计算机化、自动化。

　　·拥有覆盖面极广的远程快速通信网络系统以及各类远程存取快捷、方便的数据中心。

　　·生活模式、文化模式的多样化、个性化的加强。

　　·可供个人自由支配的时间和活动的空间都有较大幅度的增加。

由于信息社会的生活高度依赖于网络系统，人们处于一种个体自由和平等的状态中，并在网络世界中被无限放大。同时多样的网络社交平台和信息共享平台成为人们获取信息、进行各类社交活动的主要途径。这种基于网络的人际关系从本质上说是一种弱关系（weak ties）。

　　以"弱关系"为主导的网络关系，反映了一种客观存在的社会结构。因此，影响个体行为的是个体之间的关系而不是个体的特征；将个体按其社会关系分类的社会网络代替了按个体的特征分类的社会阶层；对人们社会关系面、社会行为的嵌入性的关注代替了对人们身份和从属群体的关注；由强调人们对资源的占有转变成强调人们对资源的摄取的能力。这些区别显示了这样一个事实：人类社会正在进行一场社会结构的变革。

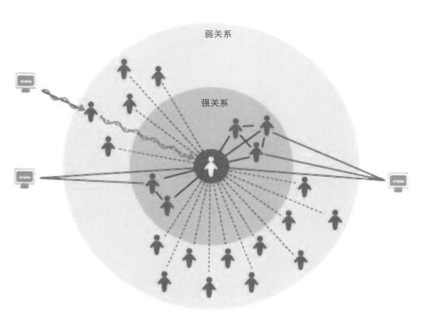

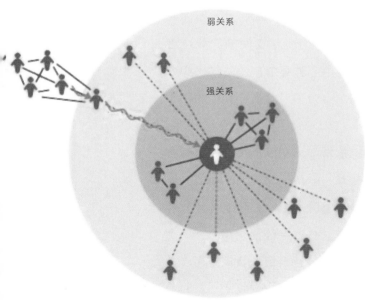

"弱关系"与"强关系"的信息传递图解

　　"弱关系"由美国社会学家马克·格兰诺维特（Mark Granovetter）于1974年提出。在传统社会，每个人接触最频繁的是自己的亲人和朋友，他认为这是一种"强关系"现象；同时，还存在另一类更为广泛的"弱关系"。相对"强关系"来说，"弱关系"互动频率更低，感情力量更弱，亲密程度也更低，但同时，由于其重叠面较小，信息流通面也更广。弱关系在信息传播过程中起到桥梁作用，即人们更经常地通过弱关系而不是强关系获得帮助。

这一变革引发了建筑师对于当代建筑空间的积极探索。建筑师希望通过建筑空间来隐喻当代的社会结构，迎合当代大众心理。于是单元空间的均等性、空间之间的弱关联性，以及建筑空间的扁平化趋势同时成为当代空间的探讨课题。例如，日本建筑师妹岛和世和西泽立未在金泽美术馆等方案中对于均质化空间的实践，雷姆·库哈斯在阿加迪尔会议中心方案中，赫尔佐格和德梅隆在巴兰卡现当代博物馆中对于"表演空间"的物质性实践等。

　　将早期毯式建筑的形态特征和空间诉求——具有水平延展性的肌理化形态和单一的单元与灵活清晰的系统组织；关注人的建筑体验和社区生活——与这些当代的建筑作品相比较就可以发现，这些特征如果用来描述上述的众多当代建筑作品，几乎严丝合缝。我们不得不承认，毯式建筑正在当代的社会背景下走向复兴，并且具有了更加丰富的语义。

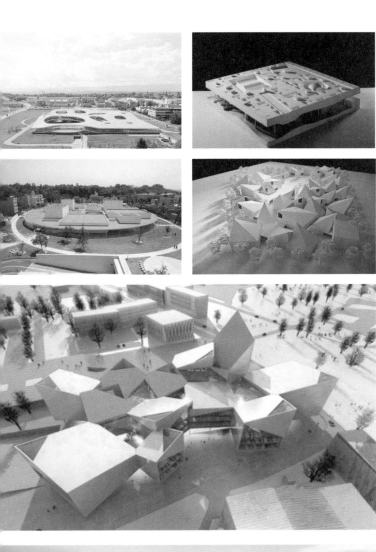

当代毯式建筑现象

PART 4

当代毯式建筑的空间组织方法

本书之所以将当代的毯式建筑现象理解为早期毯式建筑的复兴，其最初的原因在于发现了它们彼此呈现出类似的形态特征——在水平方向延展，并以一定的肌理组织空间。然而形式并非是它们真正的出发点，其核心是控制其内在结构关系的操作手段。

　　早期以模数构形原则对毯式建筑的实践，似乎使建筑陷入重复的标准化结构单元垒砌的桎梏当中。这也可以说是早期毯式建筑的集体实践一直悬而未决的问题。基本的复制手段将导致标准单元的产生，标准单元出现就将引发差异化需求无法满足的问题。另外，对于整个动态系统来说，大量复制的应变能力也仅限于"生长"和"变换"，而实现"生长"和"变换"的唯一手段只有单元的增减，这无疑使建筑的灵活性和复杂性大大降低。

早期毯式建筑单一的操作手段在当下这样一个越来越全球化、多元化的时代需要得到重新的审视。在当今世界，多样化形象的价值、风格的价值以及符号的价值都必须在一个越来越扁平的世界的全球化进程中，得到更深刻的理解和融合，对于毯式建筑亦是如此。不同的建筑师用各自的作品表达了重视关系、忽视形式的思想，但是其建筑语言、操作手段却各有侧重。在具体的操作策略上，当代毯式建筑体现出对早期原型脉络的延续，同时在多学科理论的影响下更具不同。

1. 引入拓扑几何关系的改进组织策略

　　早期毯式建筑由于单一的形态单元导致了整个系统丧失了更多的可能性，拓扑几何的诞生使单元模块不再局限于相同或者类似的几何形状，空间单元除了保持性质和它们之间的结构关系不变外，形式可以进行多样的拓扑变形，以适应不同的建筑形式和功能，因此空间对功能的适应性更高，建筑本身的物质性也被更加弱化。

2. 引入行为引导模式改进组织策略

建筑师通过将空间关系用不同层级路径直接物质化的手段，将使用者的"表演空间"或者说是空间的结构逻辑演绎得更加直白。路径创造出一种联系单个元素的连接形式，他们根据相对的关系、模糊的定位来设置多条行为路径，以期获得更多的可能性和偶然性。

3. 引入参数化设计改进组织策略

参数化设计通过关注建筑的生成过程而非形态的表现，重新审视了建筑及城市的历史发展进程。而早期毯式建筑的结构主义思维，也是通过确立结构关系生成建筑。基于相同的哲学背景和思维方式，本书将参数化设计也归为当代毯式建筑的操作手段之一。

引入拓扑几何关系的改进组织策略

拓扑学是研究对象在连续变化下保持不变的一些性质的学科；几何拓扑变化就是使几何对象受到拉伸、压缩、扭转、弯曲或使它们任意组合。"拓扑学用非数量的方式表达的空间关系来研究空间变换，这种空间概念只涉及各种空间关系的秩序，而同它们的大小、形态、距离和方向无关。"拓扑关系对于组织与形式之间新的变形机制引发了建筑学对"弱关系"的关注，这使当代的毯式建筑开始摆脱传统几何对形式的强硬控制。

早期毯式建筑由于单一的形态单元导致了整个系统丧失了更多的可能性，拓扑几何的诞生使单元模块不再局限于相同或者类似的几何形状，空间单元除了保持性质和它们之间的结构关系不变外，它的形式可以进行多样的拓扑变形，以适应不同的建筑形式和功能，因此空间对功能的适应性更高，建筑本身的物质性也被更加弱化。功能单元之间的关联代替关系，即用偶然的联系代替了固定的、具有明确主导性的关系，建筑内部精心挑选出的物体和内部人的移动成为主角。

受到日本结构主义建筑思想——"新陈代谢"思想影响的众多当代日本建筑师，如伊东丰雄、妹岛和世、西泽立卫和藤本壮介等，集体体现出在当代毯式建筑设计中操作手段的共同性——那就是拓扑空间的创造。在方案中，这些建筑师用最直接和最清晰的结构来组织空间关系，从而呈现出对拓扑学议题的基本组织形式的运用: 集中或分散、紧凑或分散、群集或分区、开放或封闭、室内或室外、限制或联系、连续或断裂。他们思考的不是几何形本身，而是这些有关空间限定的几何关系的基础议题。

环形拓扑变形图示

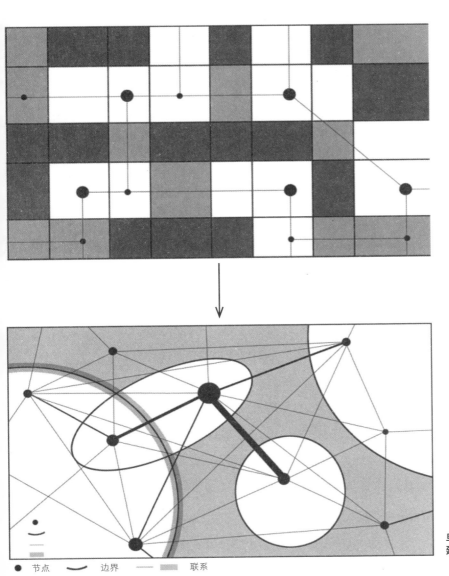

早期毯式建筑和当代毯式
建筑的空间关系图示

● 节点　 　 边界　 　 联系

在他们的空间中，某种建筑元素（如材质）与每一种活动之间存在最简单的联系，这些简单的联系重叠在一个最终能产生空间模式的相互关系之中，形成简化的个体或复杂的形体。这些平面规则但尺度不断变化的空间反衬了单元之间的复杂连接关系，反映出每个项目中各异的特定公共性体验和个人体验的交织。

拓扑理论在这些建筑空间中的运用，还体现在个体的拓扑等值变形上。在建筑设计的过程中，建筑师更加注重个体之间的关系以及个体形成的系统而非个体本身。因此保持个体间关系的一致性是维持当代毯式建筑空间非等级特性的关键所在，而个体的多样性则被许可存在。在许多案例中，可以看到当代毯式建筑构成个体的几何形式有了很大的变化，从规则的圆柱体、立方体等向自由的变形虫式的几何形体转变。表面上看，这是设计者的理念发生了急剧变化，然而事实上，这些新的建筑形式虽然被赋予了新属性，但它们的几何体之间的逻辑关系仍然维系在原型与变体之间所谓的"拓扑等值"。

在 SANAA 建筑事务所的一系列建筑作品中，都是基于相同的空间原型，即单元并置的组织模式来设计平面。但是其中的空间单元却从规则几何体变换成为类圆形或者变形虫式，这些看似完全不同的单元空间却维持着类似的空间组织关系。我们可以看出 SANAA 在毯式建筑的实践当中思想的连贯性，即对于均质空间关系表达的一致性。

总之，空间组织模式的拓扑变化（拉伸、收缩、扭曲）操作保留了拓扑学上所指的空间结构的"本质属性"，延续了当代毯式建筑的均质性，并创造出了更为自由的空间效果。

SANAA建筑事务所系列作品

项目名称	首层平面图	空间图底关系	空间原型
金泽美术馆 （2002 年）			
托莱多美术馆 （2004 年）			
劳力士学习中心 （2005 年）			

行为引导模式改进组织策略

区别于日本建筑师对于拓扑几何的应用，以雷姆·库哈斯为代表的众多西方建筑师的操作性策略与行为表现有更加直接的联系。他们通过将空间关系用不同层级路径的设置直接物质化的手段，将使用者的"表演空间"或者说是空间的结构逻辑演绎得更加直白。路径创造出一种联系单个元素的连接形式，他们根据相对的关系、模糊的定位来设置多条行为路径，以期获得更多的可能性和偶然性。在他们的设计当中，三维空间通过空间和观察者之间的互动联系完成了对动态过程的表达。路径的交点给人们的目光创造了转动的可能性，人们的目光在动态中不断改变方向，形成多个空间片段。建筑师将这些片段进行蒙太奇处理，形成空间的戏剧性。

用多层级路径引导行为这一操作手段的代表建筑师库哈斯从来不遵循传统的建筑设计规则，一反从既定的功能定义空间的方法，从功能的拆散和分解，批判性研究功能的内在的社会含义，在对功能的肢解和分析中形成一种对功能的新认识方法。认识的结果就是产生功能内在单元的重组，这就激发了人在空间当中的新的偶然性行为。他往往热衷于在单一空间中并置不同路线，借用不同工具（如电梯、自动扶梯、坡道等）形成多级速度或在几个空间中建立多样化联系，来强化时空体验的重要性。错综的路径组织空间，同时设置多条明确路径与隐藏路径，并细致地安排它们之间的连接方式，以获得更多的可能性和偶然性，来打破现代主义的抽象组织。

实现多层级路径的复杂性，除了将路径以明确的路线引导置入建筑当中，库哈斯以及 FOA 建筑师事务所等采用了新的语言组织，利用地形学手段强调了新的自治或生成。另外地形学对建筑形态的介入改变了城市形态，形成了开放的场域，容纳了多样的社会生活，引导了都市各种能量的流动，达到当代毯式建筑与城市场的融合。这类地形学介入的毯式建筑创造的水平二维城市，与映衬的高层高密度的都市背景形成互补。它能够激发活跃的公共领域和市民公共生活，强化在身体体验中占据城市，批判越来越图像化的城市。当代毯式建筑将成为捕捉和引导各种能量的基础设施，甚至最终将失去传统建筑的视觉特点而消失在景观和城市的连续体之中。

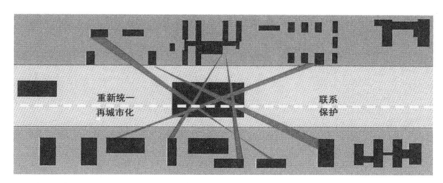

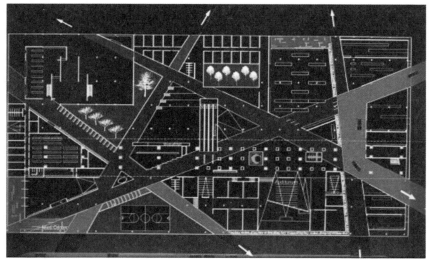

伊利诺理工学院校园中心

在该方案设计中，库哈斯将校园中心看做各种路径的集合体。他首先将多种功能——包括会议中心、书吧、娱乐中心、校园信息接待中心、学生会办公室、餐厅等——全部并置，然后将联系东西校园重要节点的路径片断在此交织。人们在这个片断上能够坐下来喝杯咖啡、上个网、吃顿饭、听路边的即兴演讲、读本书、躲场雨、来一场美丽的邂逅，所有能发生的事情都随心所欲地发生。而且被路径划分的许多功能片段边缘都通过具有图像意味的像素化处理被模糊了，产生了休闲或紧张、未来或怀旧、静谧或活跃等不同氛围之间的渗透。

引入参数化技术改进组织策略

参数化设计 (Parametric Design) 是指基于关联的逻辑系统利用参变量的变化控制结果生成的设计方法。这是一种动态、差异性的设计方法，关注的是建筑形成的过程而非形态本身。其通过对过程的操作来面对建筑设计中的各种因素而非注重建筑外形本身。

参数化设计的哲学背景是英国数学家、逻辑学家 A.N. 怀特海在结构主义理论影响下提出的"过程哲学"和德勒兹的"生成哲学"。根据德勒兹的观点，曼努埃尔·德兰达（Manuel Delanda）在其新著《一个千年的非线性历史》中，通过关注建筑的生成过程而非形态的表现，重新审视了建筑及城市的历史发展进程。而早期毯式建筑的结构主义思维，也是通过确立结构关系生成建筑。基于相同的哲学背景和思维方式，本书将参数化设计也归为当代毯式建筑的操作手段之一。

参数化过程设计是一种完全突破传统的设计方法，建筑设计从传统自上而下的操作模式转变为自下而上的生成过程，其由关注结果的设计转变为关注过程的设计体现的正是毯式建筑的"关系高于形式"的特质。整个逻辑系统的生长过程也正是毯式建筑生长性的体现。

对于参数化毯式建筑的操作来说，其设计最核心的内容就是影响空间单元之间逻辑关系的参数的引入以及参数关系的构筑。这些参数可由功能设计要求、气候和地理环境因素、使用对象的行为特征、建造技术基础等抽象得到并进行叠加。而参数关系则是基于这些输入，利用计算机程序语言编制的算法指令描述出合理的逻辑关系。这一过程犹如一个抽象机器，条件输入和参数逻辑都是可以进行修改并不断反馈进而反复修正最终得到满意的成果，这种自下而上的自治模式正如人的行为激发和促进空间的再创造的过程一样，是由底层的影响因子逐层向上反映至建筑形式的过程。

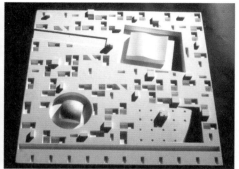 

阿加迪尔会议中心

　　该项目位于沙漠之中，它可以被理解为一个单一的建筑，设计师将其分裂成两个部分：一个为屋顶，以承载主要功能房间；另一个在海滩上覆盖广场。库哈斯直接将自然的尺度浓缩在广场之中，延展了地表在建筑内的继续蔓延，通过地表的起伏变化以划分空间和暗示路径。地形学上的处理促使人和空间新关系的产生。在连续性的空间中利用相对变化产生的限制和引导，激发人们更自在、更积极地参与空间体验。

日照山海天海岸配套公建

　　建筑师对游客中心地上建筑的北段和南段采用了相同的方法，只是选择了不同的原形进行拓扑变化。建筑由每个单元的体量大小、功能、外部环境决定其开放程度，从而形成一系列拓扑变形。以一个单元体来说，梭形两端的顶点、屋面龙骨的间距以及拱起程度等因子共同控制了变形的形成。这些变形后的单元以各种朝向组合在一起，形成系统性的组织形式，以增加公园不同区域的场所感和可识别性。

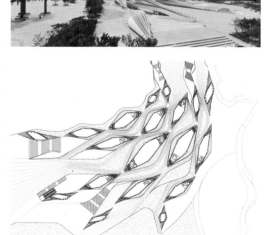

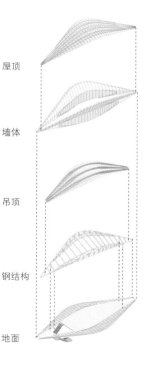

屋顶

墙体

吊顶

钢结构

地面

PART 5

当代毯式建筑的核心空间转变

现代主义建筑基于功能主义和理性主义的立场，认为建筑最重要的作用是满足人的基本使用功能。就像柯布西耶所说的"建筑是居住的机器"。使用功能是现代主义建筑的核心组成部分，并且功能与功能之间的界限清晰明确，像机器一样严丝合缝，没有赘余。但是随着 20 世纪中期反对现代主义的新思潮的出现，许多建筑师开始批判这种机械主义的主流思想，并开始重新关注建筑空间的模糊性和复杂性，其中，凡·艾克的中介（In-between）理论；拉尔夫·古迪曼 (Rolf Gutman) 和斯欧·曼兹 (Theo Manz) 提出的"门阶"概念以及黑川纪章提出的"灰空间"都是关于这方面的探讨。

1. 中介理论

中介理论（In-between）是凡·艾克建筑理论中的重要组成部分，其表达的是一种"非对立""非极端"状态，即介于二元对立的要素之间的部分。

2. "门阶"概念

同样是"十次小组"成员的拉尔夫·古迪曼和斯欧·曼兹提出的"门阶"概念重点关注的是"门阶"这一关键部位。门阶是建筑外围护的特殊组成部分，是不同空间转换的枢纽。人在穿越门阶的瞬间，是同时面对多组对立状态（包括内与外、动与静、公共与私密等）的时刻，此时人在感知一种状态的同时受到另一种状态的干扰，对矛盾与模糊的感知会不断放大。

3. "灰空间"概念

与中介理论类似，"灰空间"实质上也是在寻找二元对立的中间领域和模糊地带。以"灰空间"为重要组成部分的"共生思想"也是主张对被现代主义建筑所抛弃的多义性和复杂性重新评价的哲学，包括异质文化的共生、内部与外部的共生、人性与科技的共生、人与自然的共生。

尽管如此，早期毯式建筑的实践者依然是在现代主义理论下的改良运动，建筑中的核心空间依然是使用功能。在信息社会的背景下，当代建筑更加注重人的体验式使用，当功能从一个为容纳人类的活动建造的地方转变为从场所出现或发现的潜力的时候，建筑本身的物质性已经开始减弱，转而关注之外的人和事件的潜力的开发。此时，间隙空间毫不逊色地担当起了二元对立关系衔接的重任，并成为单元之间关系的最真实体现。

谈到当代毯式建筑，其作为一个具有自治性和生长性的场，已经实现了从强制功能到宽容场所的转变。其在许多方面具有与景观类似的性质，其中最核心的是由环境基质的存在而产生的基质效应。在景观中，基质是所占比例最大，连接度最高，对景观作用影响最大的一部分。整个景观系统的生长变化均发生在其中，使基质呈现出动态稳定的状态。在建筑语义中进行理解，基质可以被解析成是一种既包容差异性又具有生产能力的背景。基质可以容纳差异性的个体，使其在保持自己独立性和意义的同时又与其他个体产生关联，并形成复杂而统一的整体。常规行为和偶然性行为在基质中都能毫无阻碍地产生，并随着使用人群和时间的转变而不断涌现。

在当代毯式建筑中，这种有关联作用的基质空间被本书命名为"间隙空间"。

早期毯式建筑的"间隙空间"仅仅是为了解决大尺度水平延展形态下大进深和大开间问题所产生的交通空间、连接通道、中庭院落等。随着研究者对于人在建筑中行为体验的不断重视，间隙空间逐渐演变成建筑中的主导部分。在这一过程中，间隙空间逐渐改变了性质，从边角料转变成为建筑中的核心空间，甚至在一些建筑中成为容纳所有功能的唯一空间。

当代毯式建筑的所关注的间隙空间正是一个容纳异质元素和多种行为模式共存的"场"（field）。其消解了形体或功能的边界，打破了室内外分界和功能等级关系，从而模糊了实与虚的二元对立，也因此消解了图底关系，促发偶然事件。

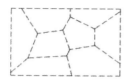

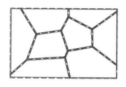 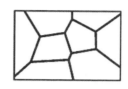

零间隙空间状态

 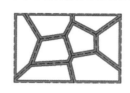

间隙空间作为交通和连接

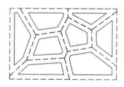 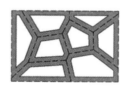

间隙空间作为交通空间的同时容纳一定的公共功能

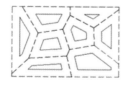 

间隙空间作为空间主体，并容纳异质元素

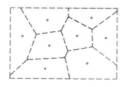 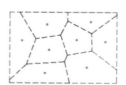

间隙空间成为融合一切功能的溶剂

相同逻辑结构下的间隙空间变化（作者自绘）

02

当代毯式建筑的非常规院落组织

　　毯式建筑意在反思现代主义建筑的独立体量所带来的弱化人性、割裂城市特点，希望以一种水平方向的生长性，解决现代主义建筑与环境隔绝的问题，找回失去的街道生活。

　　然而，在水平方向大尺度延展的大进深建筑空间以及间隙空间核心化，在一定程度上造成了通风、采光不均衡等问题的产生，进而也加大了空调系统和照明系统的使用成本。同时，肌理化的空间形态也造成了空间识别性降低的问题。

　　因此，置入院落成为解决这些问题的有效手段之一。院落（包括中庭、天井等）在当代毯式建筑中的加入仍然遵循着原有的建筑空间组织逻辑，同时形式、尺度、位置的变化又带来了多样的院落组织模式。

PART 1

标准几何形组合中的
院落植入

早期毯式建筑的组织策略之一——凡·艾克针对城市工业发展的问题所提出的数量美学，就为当代建筑师的创作提供了许多思考和有益的启示。凡·艾克表明了他对于建筑和作为一个整体的城市设计的看法：面对大量的住宅需求问题，克服来自"数量"的威胁，必须要扩展我们的美学感觉，去发现在连续或重复规律下的有些被遗忘但始终隐藏着的统一和变化的古老法则。多量建筑物经统一的外形及和谐的律动，成就了城市的美学。凡·艾克的数量美学理论对当代建筑的影响不断地在不绝如缕的作品中体现。

　　许多建筑师运用正方形、菱形、正五边形，正六边形、圆形等一系列标准几何图形，通过各种组合，创造出丰富的空间变化。在这些几何系统当中的院落植入，也成了建筑与环境的对话，和获得空间复杂性的有效手段。

被剔除的标准几何体

项目名称：马德里莱加内斯雕塑博物馆
建筑设计：MACA Estudio
图片来源：http://www.foldcity.com

由 MACA Estudio 设计的马德里莱加内斯雕塑博物馆利用正五边形拼接形成的生成逻辑来组织空间。其中规律性产生的菱形空间，建筑师将其设置为院落。这使得任何一个五边形的室内空间都拥有两个边的采光和景观。保证了各个空间光线和通风的均一性。

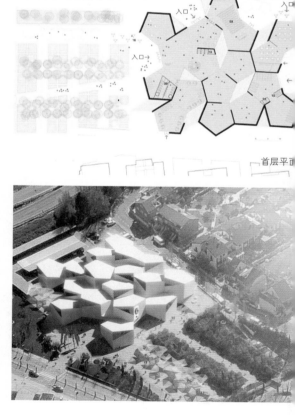

首层平面

被剔除的标准几何体

项目名称：OPEN 建筑事务所总部
建筑设计：OPEN 建筑事务所
图片来源：http://photo.zhulong.com

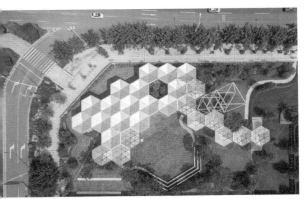

由 OPEN 建筑事务所设计的 OPEN 建筑事务所总部采用了正六边形 HEX-SYS 体系。这一体系满足了开发商搭建可重组增殖的临时性构筑物的需要。同时六边形的拼接方式为单元模块的无限增殖提供了生长逻辑。这意味着当在不同的场地上重新组建它的时候，它会呈现出不同的建筑形态。

这些模块不仅可以根据项目的功能需要被无限制的组装在一起，同时也可以为院落的植入提供灵活性。院落的产生理论上只是单元模块的拆除。

被剔除的标准几何体

项目名称：Chiyodanomori 牙科诊所
建筑设计：小川博央（Hironaka Ogawa）
图片来源：http://www.gooood.hk

建筑师将平面划分为 2.7m×
2.7m 的网格，为了使房间均匀采
光，布置了一些庭院，若干庭院
叠加起来，创造出丰富的自然光
层次和多样性空间，人们在这里
无法准确感受到空间的深度，使
得内和外的关系变得模糊不清。

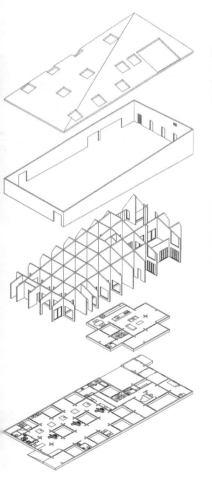

　　在这栋建筑中,院落被设计成多层次空间的透视灭点,层层的门洞为景观创造了多层画框,成为人行走中的视觉焦点。人们一步一步走向庭院的过程,也成为阅读空间的过程。

被剔除的标准几何体

项目名称：日本茨城县棋盘格住宅
建筑设计：TNA
图片来源：http://www.ideamsg.com

在这个住宅设计中，设计团队 TNA 将建筑以 7m×7m 的模数建造成了若干格子，仿佛一个棋盘格。所有的居住空间便散落在这些格子中，与室外庭院相互交融共生。

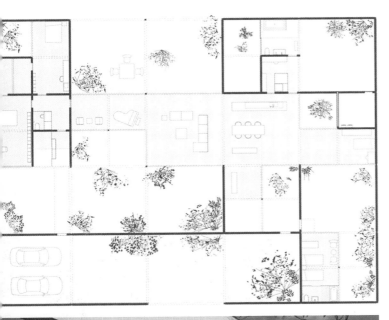

被剔除的标准几何体

项目名称：像素别墅
建筑设计：WE Architecture
图片来源：http://www.foldcity.com

在 WE Architecture 设计的像素别墅中，类似国际象棋盘一样被像素化处理的平面，使每栋别墅都被四面的院落所包围，同时四栋别墅又环抱一个院落。这些院落花园，成为半私密的户外空间，保证了每家充足的光照和良好的通风条件。同时，居民在这里能够得到充分的互动和交流。

波剔除的标准几何体

项目名称：江田集合住宅
建筑设计：SANAA 建筑事务所
图片来源：http://www.sanaa.co.jp

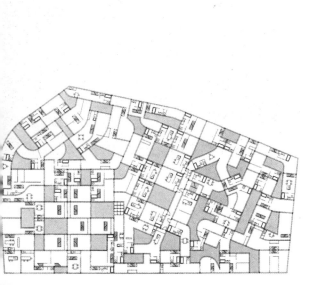

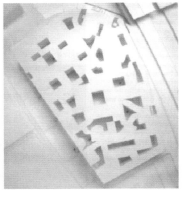

在 SANAA 建筑事务所设计的江田集合住宅中，平面划分是多重网格共同作用的结果，这些不同角度的网格线分别来自于基地周边环境的三个重要线性要素：①基地周边道路；②铁路线；③车站广场的平行线。三重网格又通过曲线及螺旋线的连接自然地融合到彼此之中，三重网格的叠加切分以多样化和个性化的方式为集台住宅提供了很多不同的单元，旨在为每套住宅都提供均一的独立性、私密性和多样性，而网格相交产生的零碎空间成为光庭所在的位置，也为每个居住单元提供均一且充足的光源。为了确保它的私密性，设计者对这些庭院进行了调整，从而避免了各住宅之间的视线冲突。光线穿过不规则形状天井，把各种光线图案投射到底层架空的空间中，形成了一块明亮的公共领域。

标准几何体的间隙院落

项目名称：Holbak Kasba
建筑设计：BIG 建筑事务所（Bjarke Ingels Group）
图片来源：http://www.big.dk

BIG 建筑事务所在设计 Holbak Kasba 集合公寓时，选择的类五边形作为基本的居住单元，每四个类五边形又形成一个六边形的居住组团，多个组团相互联结最终形成完整的蜂窝状结构。单元与单元之间的间隙被处理成共享院落，成为一个组团的连接体。

在这个系统中，个体始终在不同层级中寻找自己的定位。设计师用几何肌理划分基地，创造出一个可以容纳生活、游戏、社交的迷宫。

在这个建筑中，五边形为基本构成单元，四个五边形的单元模块

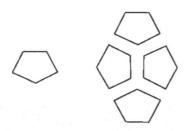

被组合成一个单元组团，进而组成整个建筑群体。组团中的间隙部分为院落，组团间的间隙为道路，形成了从单元个体到组团到建筑的层级关系。

六边形的网络——人居蜂巢

项目名称：天上的村庄
建筑设计：Építész 工作室
图片来源：http://www.archdaily.com

在莫斯科的 A101 区块的城市设计竞赛中，Építész 工作室设计的"天上的村庄"，建筑以正六边形组成的蜂窝结构生长，结构骨架形成建筑实体，空的部分形成院落。建筑师通过建筑将更多的人聚集成一个个更小的社区。

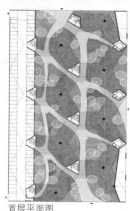

首层平面图

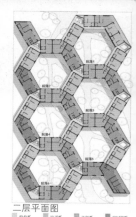

二层平面图

六边形的网络——人居蜂巢

项目名称：某住宅项目
建筑设计：BIG 建筑事务所
图片来源：http://www.big.dk

BIG 建筑事务所设计的这一住宅项目采用了与天上的村庄相同的生成逻辑。不同的是，BIG 将上下两层的蜂窝系统进行了错动，使得建筑除了院落之外，还有阳台的存在。

标准几何形骨架间的围合院落

项目名称：摩洛哥车站高架桥竞赛方案
建筑设计：MECANOO 建筑事务所
图片来源：http://www.foldcity.com

这是荷兰 MECANOO 建筑事务所为摩洛哥设计的新火车站方案。设计团队特意将车站设在一系列重要线路的交汇处，用正交网格形成的交通枢纽将游客、公共项目和行人连接空间集合在架高的华盖之内。地面空间可以用来改进现有的公共空间，创造出拥有体育场、市场和花园的优美景观公共空间。网格之间形成院落，可达到两个效果：一方面，为地面公共空间提供采光；另一方面，自然通风贯穿场地，可减少机械制冷的使用。

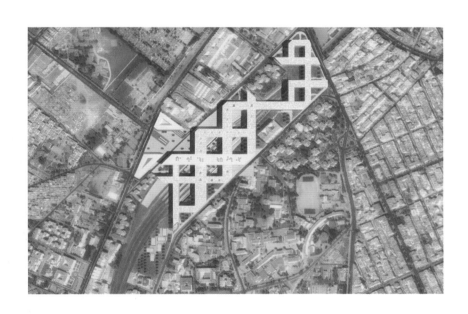

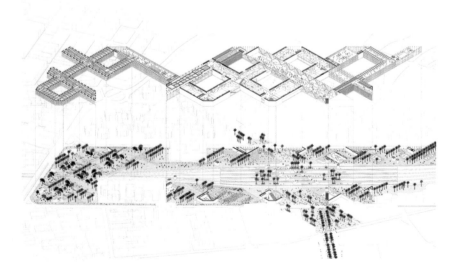

标准几何形骨架间的围合院落

项目名称：法国国防部大楼方案
建筑设计：ANMA 事务所
图片来源：http://photo.zhulong.com

由 ANMA 事务所设计的位于法国巴黎的国防部大楼项目方案，以六边形为中心向外辐射生长，最终铺满整个场地，并将健康中心、餐厅、媒体及体育中心和一个托儿所整合在一体。建筑的翼结构位于高高的支柱之上，环绕内部院落展开。并且它们同时都被一个开阔的折纸造型的屋顶覆盖。

与建筑相比，内部开放空间更为轻松自然，视野足够开阔。一个个围合的庭院种满了郁郁葱葱的树木，将绿意带给每一间办公室。其中一些对社会公众和附近居民开放的设施，成功地将生活引入了建筑，建筑仿佛成为了大城市中的小城市。

圆形嵌挤院落

项目名称：里约 2016 年奥林匹克公园总体规划
建筑设计：LCLA Office、Una Arquitetos
图片来源：http://www.foldcity.com

由 LCLA Office 和 Una Arquitetos
设计的里约 2016 年奥林匹克公园总体
规划方案中，设计师将公园的一部分
功能即运动功能——包括主要区和辅
助区，成团地组织在一起，而不是传
统规划中的独立分开。这使得观众拥
有更为流畅的路径和空间，创造出"不
是符号，却是游离在小城与大公园之
间的重大方案"。被放大尺度的院落
成为不同体育场地的限定者，浮于其
上的圆形高架桥创造了自由的观赛和
游玩路径。

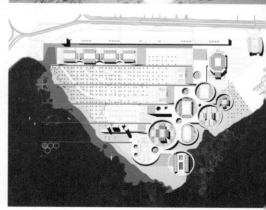

圆形嵌挤院落

项目名称：南油购物公园设计
建筑设计：张之杨
图片来源：http://photo.zhulong.com

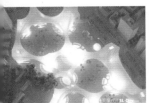

建筑师在这个方案中将一个城市公园与大型商业综合体有机结合，将闲逛与购物相互融合，将室内与室外混合搭配。建筑师把方盒子式的购物中心塞进碎纸机，取而代之的是一个"网状结构"，这个全新的"购物网"漂浮在公园的上空，网线是购物的游廊，网眼则是公园或广场。这种布局不仅大大改善了购物的体验，在购物中随时可以眺望公园的风景；而且夜间，商场的灯光将保证院落的照明与安全。

PART 2

离散单体集合中的
关联性院落

离散型聚落

离散的体块靠之间的间隙维系秩序。当其被处理成院落时，这些院落就是关联性的元素，被赋予无限的相关性。集合体本身又存在着各种距离关系，整体空间距离关系会随之动态地变化。这种密度的改变体现了建筑环境场力的大小。

　　离散单元是指相同或者类似的空间单元以一种自由、无序的状态组织在一起。看似毫无关联的单元体通过"建筑环境力场"凝聚成一个集体。

　　这是对森林空间的隐喻。在森林中，彼此相邻的树木之间生成各种各样的联系，过近的有一方会倒，而过远的中间又会生出新苗，秩序会自然而然地孕生出来。类似这一秩序，在聚落的类型当中，从聚落当中分散布置的住居之间的空白空间可以体会到积极的意义，这样的聚落称为离散型。而这种积极意义就成为区别离散和散居的关键所在。

　　如果将建筑比拟成与森林类似的状态，那么它就会以一种奇妙的模糊状态形成一种新秩序。其通过一种柔弱的、不可见的连锁关系，孕生出不稳定的整体。尽管不稳定，却蕴含着巨大的可能性。

　　在这种毯式建筑的空间组织模式中，空白空间（常常被处理成院落）成为了一种关联性的元素。在这里，严谨的序列不复存在，但是随着在建筑中漫步，庭院被赋予无限的相关性。而每走一步，这些关联性又会被重新塑造，由此浮现出许许多多意想不到的状况。

离散体量间隙中的院落寄生

项目名称： 塔林新市政厅
建筑设计： BIG 建筑事务所
图片来源： http://www.big.dk

在爱沙尼亚塔林市新市政厅国际概念设计竞赛中，设计师运用了单元离散手法创造均质空间，以体现市政工作的透明性以及全民参与的民主制度。大小不一的正方形体块顶点相接，体量之间的空间碎片成为院落的寄生地。院落让建筑体块在彼此直接相连之外，还增加了一种新的关联模式。

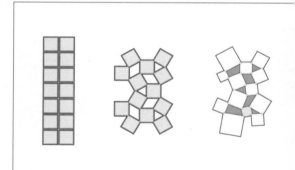

离散体量间隙间的"黏合剂"

项目名称：同济大学浙江学院会议中心
建筑设计：FRPO 建筑师事务所
图片来源：http://www.iarch.cn

该方案运用中国传统的"汀步"形态作为设计的出发点，将建筑体量打散后再连接，并且在外部设置连续步道。中间形成的菱形院落在保证内部功能良好衔接的同时，最大化地呈现了每个功能部分的采光、通风和景观，更创造出了如园林般亦断亦连的精彩内部空间。

离散体量间隙间的"黏合剂"

项目名称：圣玛尔塔 Timayui 幼儿园竞赛方案
建筑设计： Giancarlo Mazzanti
图片来源： http://www.foldcity.com

Timayui 幼儿园是一座开放式的建筑。最终的形态是由一系列灵活的多功能块组成，同时还可成为供周边社区居民使用的中立空间。Timayui 幼儿园由六个像花朵一样的组团构成，它们有机的散落在场地中，同时将室外空间融合到幼儿园的平面中。每三个单体围合成这样一个功能组团，它们围绕中心庭院布置。庭院成为每个组团的活动中心和精神中心。

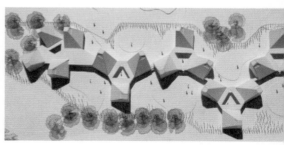

离散体量间隙间的"黏合剂"

项目名称：大住宅 MO
建筑设计：FRPO 建筑师事务所
图片来源：http://www.iarch.cn

这是一个生长在树林间的住宅，为了保留基地内原有树木，建筑师需要选择一个碎化的形体。因此该方案以非常直接和自然的方式转化了一些简单的矩形片段。

树林的高度集中，希望在林中设置住宅的愿景，可以孕育出分解的方案。而院落成为这些矩形片段间的黏合剂，将原本离散的体块黏结成三个组团，在无序当中创造了有序。

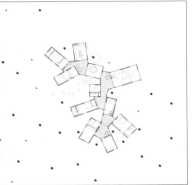

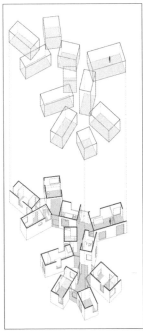

隐形的院落——空间留白

项目名称：北海道儿童精神康复中心
建筑设计：藤本壮介
图片来源：http://www.archdaily.com

　　日本北海道儿童精神康复中心建筑由一堆看似散乱的方形盒子构成。"盒子"之间的距离及"盒子"的摆放角度经过了精心的规划，可以保证大人们的视线看管到盒子空间的每一个角落。散乱的"盒子"之间则产生了许多孩子们喜欢的狭小空间。该方案的空间特性是严密的计划和偶然形成的场所空间，具有选择性和偶然性、自由和非自由性。

这些"盒子"间的凹空间形成隐形的院落。这种留白空间没有明确的功能,但孩子们能在其中做游戏,可以像原始人一般自由地建立对环境的认识,并在其中自得其乐。因此,这些隐形的院落蕴含了无限的可能性。

这座建筑看似没有规划、缺乏规则,却具有无限的关联性。

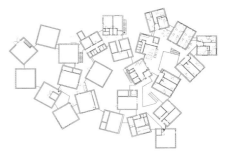

离散体量间隙中的光线沙漏

项目名称：Art Souq
建筑设计：BIG 建筑事务所
图片来源：http://www.big.dk

　　BIG 建筑事务所设计的艺术中心依然运用了离散单体组成建筑集群的手法。但是在此方案当中，体块间的间隙被进一步挤压，使原本的院落尺度缩小为光井。建筑师又将错落的体块架空，其间隙成为光线的沙漏。斑驳的阳光洒下，形成了丰富的视觉和空间体验。

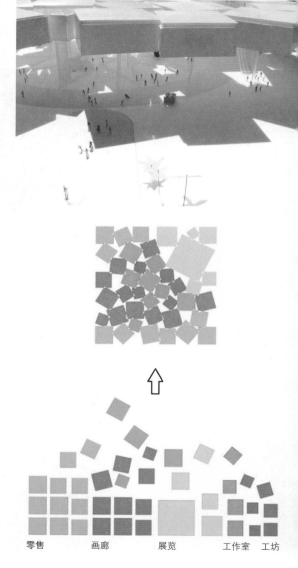

零售　　　画廊　　　展览　　　工作室　工坊

体量间隙的庭院寄生

项目名称：斯洛文尼亚马里博尔美术馆
建筑设计：斯坦·艾伦
图片来源：http://www.foldcity.com

在斯洛文尼亚马里博尔美术馆的建筑设计竞赛方案中，斯坦·艾伦用离散的类石块体量集合表明了一个明确的机构身份：一个独具特色的建筑群，一个发展的策展议程，以及一个城市新的公众聚集场所。

相互毗邻的体块提供了可以举行大型展览的连续空间。而这种松散的组合形式中的间隙也形成了庭院和天井，被高耸处理的屋顶增加了庭院的幽深感。它们穿插在大空间当中，丰富了观览体验。

体量间隙的庭院寄生

项目名称：韩国史前文化博物馆
建筑设计：侯梁建筑事务所
图片来源：http://www.houliang.com/work

侯梁建筑事务所设计的韩国史前文化博物馆由成簇状分布的类似圆形的平台组成。其中院落或者光庭的被动形成性更强。院落的尺度由单元体的大小、组合方式、密度决定。这些多尺度的院落承担起多样的功能，既是体块间的景观庭院，也是大空间中的采光天窗。

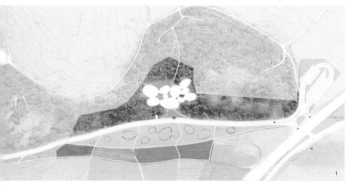

离散结构中的多层级院落

项目名称：深圳外国语学校
建筑设计：张之杨
图片来源：http://www.iarch.cn

　　在该方案中，建筑师创造性地将教学区所有年级水平展开，最大限度地促进班级间、年级间及师生间的自由交流与互动。院落成为交流互动的主要场所。在这个方案里，院落具有多个层级，包括环形单元体的中心庭院、单元体之间的广场和垂直连接上下层空间的中庭。公共空间得到细致的分层次设计，产生了班级邻里空间、年级共享空间、学生交往空间以及校际广场空间。

 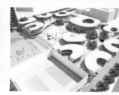

离散结构中的多层级院落——穹顶之下

项目名称：Google 全新总部大楼
建筑设计：BIG 建筑事务所、赫斯维克建筑事务所
图片来源：http://www.big.dk

穹顶

人类尺度

自然

Google 全新总部大楼的内部被设计成一个大型植物园及大型公园。大量植物被种植于办公区域，与咖啡厅、办公室、运动休闲场所等离散单元相融合。植物生长过程中，其根系和枝干都会对建筑形态产生影响。与其说离散的体量之间形成了院落或庭院，倒不如说，所有的建筑体块生长在一个由巨大穹顶限定的超尺度院落当中。

生长村落的院落基质

项目名称：House for Trees
建筑设计：Vo Trong Nghia 建筑事务所
图片来源：http://www.iarch.cn

　　这五栋独立的房子在不规则的场地中围合形成一个院落，创造出几个小型的相互联系的花园。住宅面向花园的大面积玻璃模糊地分隔了内外空间，使庭院与花园成为地面层生活空间的一部分。院落成为住宅存在和行为产生的基质。

生长村落的院落基质

项目名称：森山住宅
建筑设计：西泽立卫
图片来源：http://www.iarch.cn

西泽立卫抛弃将一系列功能空间组织在一栋建筑中的传统处理手法，而是将它们拆分开，各自独立地散布在一块方整的用地内，并在单体之间形成了一系列既独立又联系的院落，同时向外部街道环境开放，创造了一种新的氛围和景观，整体如同一个由住所组成的社区。这种组织方式源自于西泽一直以来对人的行为的关注，以及日常生活中人们对场所、空间和环境的感知和经验的重视，这些关联的院落基质为空间与人的行为模式提供了新的联系。

生长村落的院落基质

项目名称：伊斯坦布尔 camlica 住宅
建筑设计：AYTAC 建筑事务所
图片来源：http://www.iarch.cn

　　AYTAC 建筑事务所给住宅单体的离散布置提供了一个依据：建筑都沿着等高线走向进行布局。住宅和景观相互渐变，逐渐渗入彼此，从而在内部形成院落，并产生了丰富的室内室外空间，方便了社区居民们的日常交流。建筑的不同形式和相互之间的组合，创造了一个具有活力的良好社区环境，适合不同的家庭和用户。

生长村落的院落基质

项目名称：西班牙 de la Vega Baja 博物馆
建筑设计：Mansilla、Tunon
图片来源：http://www.foldcity.com

在西班牙 de la Vega Baja 博物馆概念竞赛方案中，设计师用打散的体块形成展馆村落。树木为整个博物馆建筑群围合出一个模糊的界面，并与内部庭院融合，形成一片相互关联的院落。

用行走关联院落

项目名称：十和田美术馆
建筑设计：西泽立卫
图片来源：http://www.archdaily.com

　　西泽立卫在 2008 年设计完成日本青森县十和田市美术馆。在这一建筑中，自由排列的建筑体量，通过一条线形走廊联系在一起。展览空间虽然分散但并非简单地分离，而是像聚居区一样紧密地聚集在一起。走廊成为连接室内外展览空间的纽带，并与各建筑体量一同创造出一个巨大且整体连续的景观。

　　离散的单元体扭转和看似无序的布置，往往能在城市层面形成更为开放活跃的空间氛围，单元实体之外的间隙空间更加开放，形成面向城市的公共开放院落。

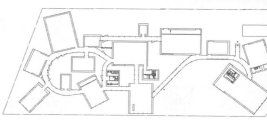

用行走关联院落

项目名称：大山之家
建筑设计：河口佳介、K2 设计
图片来源：http://www.iarch.cn

这是坐落在日本鸟取县米子市大山山前森林中的一家小旅馆。房屋以一种碎化的形态位于荒弃的樱花树和松树林之中，并通过走廊串联而成。当人们沿着走廊在空间中行进时，可以感受到森林景观的变化和时间在森林的节奏中大把流逝。最终，时间、建筑、人与森林实现共存。

无序中的中心院落

项目名称：天津市西青区小学
建筑设计：直向建筑、悉地国际（CCDI）
图片来源：http://www.archdaily.com

　　建筑师在这个项目中，把最佳的主互动空间布置在第二层，形成中央中庭，用以联系周围离散布置的教室，并通过天窗获得最便利的自然通风。这个中心庭院中还设有不同高度的楼梯，坡道和桥梁，以连接建筑物的不同部分以及屋顶平台。不仅会产生和增强人与人之间的互动，也形成了看似无序空间中的有序核心。

无序中的中心院落

项目名称：Serlachius 美术馆
建筑设计：FRAMA 建筑事务所
图片来源：http://www.foldcity.com

在这一美术馆设计方案中，多个单元体通过扭动位置，增缩尺度对环境进行对话。中心单元主要承载着门厅、商店、会议等功能，它可以连接着博物馆的每一部分。中庭的玻璃屋顶不仅提供了充足的光线还创造了开放的院落的感觉，而且连接了内部和外部的环境。这一中庭的关联性是一种更具力量的存在——将视觉、功能、行为的核心都集聚于此。

PART 3

茎干生长模式中的院落增殖

茎干模式的生长单元

　　早期毯式建筑的茎干模式是"十次小组"在城市层面提出的规划思想。"茎干城市"是以线型中心为骨干发展的城市，它不同于过去的直线型城市，它是多触角的蔓延扩展式发展。"十次小组"把线性的城市结构称为"茎干"。"茎干"既为居民提供相互联络的交通通道，也为住宅区提供各种配套设施（如商业、文化、教育、娱乐设施以及公用管线等基础设施）。随着时间和地点的改变，"茎干"也将发生变化。

　　当茎干模式应用在建筑层面，这种结构的生长性便更强烈地体现出来。开放的建筑端头始终带有一种向外蔓延的趋势，尽管在多数情况下，建筑并没有被继续扩建的机会。建筑的生长趋势使其像是在基地上进行圈地运动。在建筑蔓延的过程中，院落以一种开放的姿态伴随建筑的蔓延而出现，从围合到半开放再到开放，逐渐与周围环境融为一体。这种生长有时也会反向进行，即院落成为生长的"茎干"，对完整的建筑实体进行"侵蚀"。

茎干模式中的开放院落

项目名称：自然口译中心
建筑设计：I+L
图片来源：http://www.foldcity.com

在该方案中，建筑师的设计模仿了自然生长的植物枝蔓，使建筑的端头成为捕捉周围环境的最好镜头。伴随建筑的"生长"，内部的围合院落和周边的半开放式院落形成，它们为人们的不同行为需求提供场所。

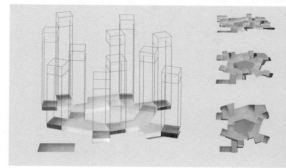

茎干模式中的开放院落

项目名称：华鑫展示中心建筑
建筑设计：山水秀建筑事务所
图片来源：http://www.iarch.cn

1 展厅上空
2 洽谈
3 签约
4 办公
5 财务
6 资料
7 更衣
8 卫生洁具间
9 服务接待
10 院子
11 水池

0 1 3 6 10m

建筑师希望通过这一设计方案，启发人们去思考人与自然、人与社会间的关系。

建筑基地具有向城市干道开放的属性，基地上还有六棵高大的香樟树。建筑师保留了这六棵大树，并试图在建筑与树木之间建立亲密的互动关系。建筑师选用了类似茎干的结构，使建筑和大树的枝干、树叶交织在一起，营造出一个个纯净的室内外空间。这些空间（房屋和院落）随着时间的更迭，呈现时空交汇的迷人氛围。

茎干模式中的开放院落

项目名称：马尔法小镇多住户住宅设计
建筑设计：Glen Santayana
图片来源：http://www.foldcity.com

Glen Santayana 为马尔法小镇提供了一种新的住宅形式，来满足当地的旅游业发展，使游客和当地居民能够实现同住的需求。

这种茎干模式的多住户住宅，通过不同触角的生长有机地将地块划分为多个半开放的院落，来保证游客和当地居民各自的领域感。同时，半开放的院落也使多个地块间产生彼此的交流和对话。

环线+路径

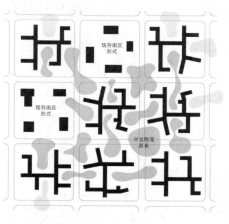

用开放院落联系不同街区

开放院落

茎干模式中的开放院落

项目名称：万科总部
建筑设计：史蒂文·霍尔
图片来源：http://www.iarch.cn

史蒂文·霍尔设计的万科总部以周边良好的景观为设计出发点，用这种大规模蜿蜒的结构将360°的美景收入囊中。在北侧狭长的公共通廊的连接下，公寓、酒店和万科总部分别以不同的茎干形态向南侧延伸。半开放的院落也为城市提供了公共活动的场所。

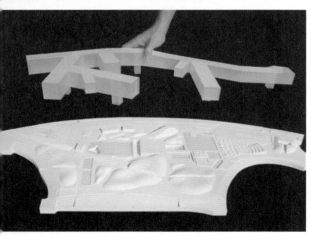

流动的生长性

项目名称：蛇形画廊
建筑设计：SANAA 建筑事务所
图片来源：http://www.sanaa.co.jp

  SANAA 建筑事务所用自由曲线模拟液体随意流动的形态，带有张力的线条让人们感到建筑似乎可以在林间流动的生长力。同时建筑似乎可以感到环境给它的挤压力，于是自然地避开，进而形成半开敞的院落空间。

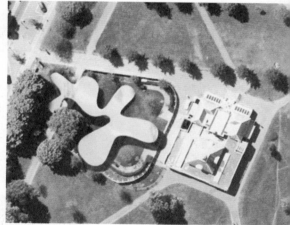

流动的生长性

项目名称：格雷斯农庄河畔屋
建筑设计： SANAA 建筑事务所
图片来源：http://www.sanaa.co.jp

这是一座占地约 7700m^2 的蜿蜒如溪流的建筑，河畔屋由一条几乎完全顺应地势和周边环境的起伏屋面及其下面 360° 透明的玻璃组成。远处看就像一条悬浮的丝带，彻底融入到环境中。建筑师的目标是将河畔屋设计到环境中去。流动性的形体似乎可以沿着地势不断流动，形成更多的半围合院落。

院落的"侵蚀运动"

项目名称：003 别墅
建筑设计：Rafi Segal
图片来源：http://www.foldcity.com

　　003 别墅被设想为覆盖整个场地一个景观元素，一系列的空间通过屋顶被划分出来。而庭院通过一种裂痕的形式，把完整的建筑"劈开"，并逐渐向内"侵蚀"。院落连接了基地的边缘和内部的室外空间。实际上，建筑师不是通过房子来定义院落，而是通过这个中央通道以及蔓延的院落定义房子。

院落的"侵蚀运动"

项目名称：大仓山住宅
建筑设计：妹岛和世
图片来源：http://www.sanaa.co.jp

妹岛和世设计的大仓山住宅中，更容易被识别的形状是内部庭院。而建筑像是一个立方体被挖掉一部分后的剩余而已。通过多个小型中庭的设置为集合住宅里九户住户拥有一个满意的庭院，各住户之间相互的交错，相互的交织，开放性和流通性在这样一个有趣的形式中产生，人们的生活中也渗透着建筑。

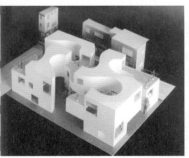

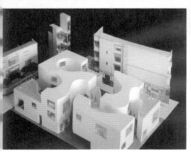

PART 4

螺旋关系场中的院落融合

螺旋线是围绕一个固定的点（极点）向外逐圈旋绕而形成的曲线，这种由旋转形成的视觉形象是其最突出的特征。许多建筑师将螺旋形视为理想的空间原型，这种青睐一方面来自于螺旋线严谨的数理逻辑所形成的优美曲线形态，另一方面则来自于螺旋线沿极点展开的旋转性所带来的历时性特征。严谨的数理逻辑还为螺旋形提供了"无限生长"的可能性，使其同时具有了向未来延展的可能性。这种可能性为当代毯式建筑提供了一个理想的设计原型，也成为一种常见的构型系统。

反观自然界，年轮、星系、漩涡等自然现象都是这种螺旋系统的体现，这种系统蕴藏了一种力的关系场，将系统中的各个元素联系在一起。将这种系统应用于建筑中，建筑的实与虚被这种关系场斡旋在一起，功能和院落被无差别地融合。

同时，螺旋形空间本身便具有嵌套空间的特点，嵌套空间将带来私密性由内及外的变化，同时通过对界面的处理，如开窗洞、使用透明界面等，会产生模糊的室内外关系。空间的深浅度由此产生，观者对于室内外认知的心理距离会因此发生变化，甚至与真实的距离发生偏差。

与螺旋系统类似的还有同心圆系统，这种系统除了具有历时性的特点，还具有了空间共时性的可能，在强势的空间形态下为使用者提供更多的"可选性"。即在"明规则"下隐藏着无数的"潜规则"。

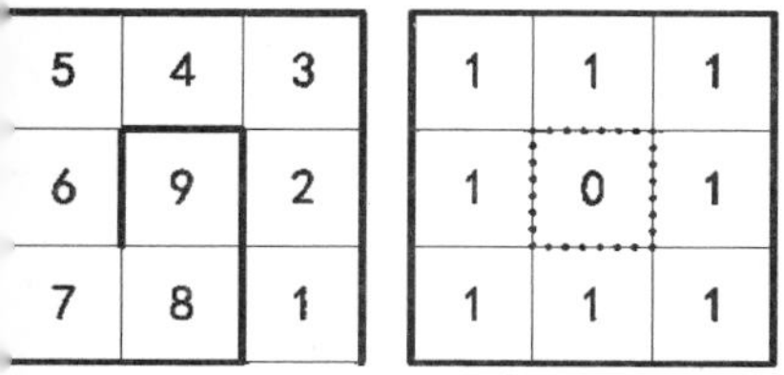

5	4	3		1	1	1
6	9	2		1	0	1
7	8	1		1	1	1

螺旋系统的历时性和同心圆系统的共时性

螺旋线的绘制过程使人不由自主地联想到它与圆之间所存在着的某种关联，螺旋形也因而具有圆的部分几何特征，例如圆的中心放射性。用九宫格来简化螺旋形空间中旋转性与放射性的时间性，我们可以看到左边两幅图解。在旋转性的图示中，时间沿着螺旋线的方向线性发展，形成从 1~9 的级数发展趋势，具有典型的历时性特征。而在同心圆的图示中，空间中心点与相邻任意一点是 0 与 1 的对立关系，即除该点外的其他空间是均质的，呈现无先后关系的静止状态，空间具有共时性的特点。

嵌套空间中的模糊院落

项目名称：N House
建筑设计：藤本壮介
图片来源：http://www.sou-fujimoto.net

在 N House 中，三层界面相互嵌套，使得房屋好像随身体延伸进入了城市。建立在对室内外空间连续感知的基础上，藤本将所有的空间都看做相互嵌套的"弱关系"，内部与外部处于相互翻转的不稳定状态中，就像俄罗斯套娃一样，其外部也是其自身。最外层的庭院处于一种介于室外与室内之间的模糊状态。

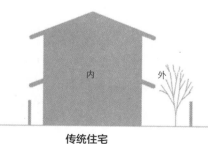

传统住宅

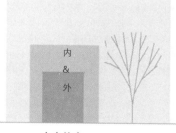

未来住宅

剖面图

嵌套空间中的模糊院落

项目名称：内蒙古鄂尔多斯 100 项目之 9 号项目
建筑设计：藤本壮介
图片来源：http://www.sou-fujimoto.net

藤本状介在内蒙古鄂尔多斯100 项目之 9 号项目中研究的不是一种对象、一个建筑，而是一片关系场。一座建筑不仅仅是一个对象，它更是一个与居住地相关的城市，花园、森林、牧场之间的相关联的一个关系场。

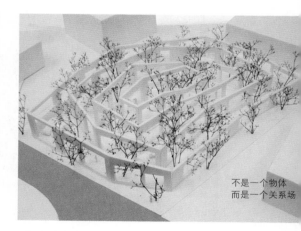

不是一个物体
而是一个关系场

首层平面图

另一种空间体系的存在使得螺旋形本身的空间嵌套关系得以彰显。在层层环绕的螺旋形构架之间，覆顶空间与无覆顶空间、实墙与玻璃、窗口与洞口，打破了单纯的均质嵌套关系，使得室内外关系进一步弱化。

0   5   10m

嵌套空间中的模糊院落

项目名称：匈牙利音乐厅
建筑设计：LETH & GORI
图片来源：http://www.foldcity.com

　　由 LETH & GORI 设计的匈牙利音乐厅竞赛方案，用嵌套的类同心圆系统将复杂的建筑功能关联在一起。设计者用凸起的天窗将院落限定出来，消解了一定的内外模糊性。

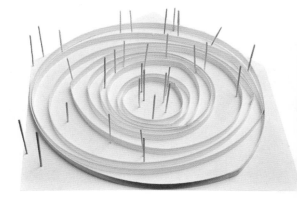

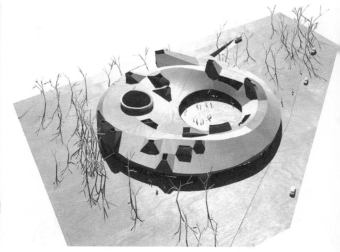

嵌套空间中的模糊院落

项目名称：东京实验住宅之生长的房屋
建筑设计：Filipe Magalhães
图片来源：http://www.foldcity.com

在该方案中，房间按照功能从私密到开放的次序，由中心向外围生长开来。最中心的空间是主人的卧室。而植物则是由外向内延伸，与建筑逐渐融合。门洞出其不意地出现，又增加了路径的可能性。在该方案中，同心嵌套系统的历时性和共时性被同时充分展现。

由外及内的历时性院落

项目名称：武藏野美术大学图书馆
建筑设计：藤本壮介
图片来源：http://www.sou-fujimoto.net

在这个项目中，书架犹如陀螺一般紧紧地盘旋围绕在场所之上，形成了层层盘旋的空间，这就是图书馆。最外围的界面一层一层地向中心盘旋，将人流和院落同时引入建筑内部。界面上巨大的窗洞和门洞又为人们观赏院落的视线开辟了一条新的路径。"明规则"和"潜规则"同时发挥作用。读者不仅身处"书籍的森林"，同时也处于室外的自然茂林之中。"看"与"被看"、"读书"与"游憩"在这里以一种共时性的方式展开，"室内"与"室外"完成了颠覆性的倒转。

多维度螺旋系统

项目名称：表藏博物馆
建筑设计：BIG 建筑事务所
图片来源：http://www.iarch.cn

BIG 建筑事务所在这座表藏博物馆中选用双螺旋系统作为一个钟表品牌具有历史意义的象征。

在三维方向同时发生变化的双螺旋系统，表达了一种建筑的叙事结构，让人可由坡道中循序渐进地深入展示。两条螺旋线屋顶的绿化互为彼此的景观院落，最终在中心极点处汇为一体，引向空间的高潮。

多维度螺旋系统

项目名称：Beton Hala 滨水中心
建筑设计：藤本壮介
图片来源：http://www.sou-fujimoto.net

　　藤本壮介在塞尔维亚贝尔格莱德Beton Hala滨水中心项目中，用建筑占据了整个基地，并将所有的平面缠绕进一个巨大而复杂的螺旋结构，这个由丝带状坡道组成的建筑被藤本壮介称为"飘浮的云"。中央院落作为户外展览空间位于漩涡的中心眼区域。交织混乱的螺旋结构中随机产生边界模糊的小院落和光井，与坡道成为一个关系场。

空中的环绕天桥将人行道从地下停车库分离开，地上交通枢纽连接了轮渡码头、有轨电车和巴士。这座建筑物作为社会和运输功能综合系统，位于文化中心区，用自由流动的循环漩涡系统连接了多个区域，上下错落的坡道给观览者提供了丰富的视线通廊。

PART 5

多元素变化呈现动态院落

在当代毯式建筑中院落的多种组织方法的基础上，院落尺度、空间距离、围合界面、地面等元素都可以进一步发生变化，同时这些元素变化又可以相互组合，创造出丰富的院落空间体验，呈现出新的空间特点。

　　院落围合界面的弯折、扭动、缺失、消解、减薄、加厚等处理手法，往往可以产生新的空间认知，例如产生视错觉以得到院落空间的多义解读；消解透视效果以改变空间的心理距离；强调界面以转移视线聚焦点等。

　　而院落地面的起伏往往将屋顶与地面融合，走向一种地景建筑的趋势。同时，地面的抬起又会形成院落第六界面的解放，在地面之下增加一个层次的新空间，带给人们感受院落的新视角。

院落围合界面的尺度变化

项目名称：监狱综合体
建筑设计：Glen Santayana
图片来源：http://www.foldcity.com

  监狱建筑在人们的印象中总是冰冷、沉闷甚至带有些许恐怖色彩，而由 Glen Santayana 设计的监狱综合体通过形式扭曲，显示其中每个建筑的功能相互交织，并给其带来了一些活泼的性格。建筑的扭曲使院落的围合界面呈现一种动态的变化，时而开阔时而狭窄使观者产生峡谷中穿行的空间体验。

院落围合界面的尺度变化

项目名称：青城山石头院
建筑设计：标准营造
图片来源：http://www.standardarchitecture.cn

青城山石头院从外面看上去像一个较为完整的房子，事实上这是几个窄长院落很近地排在一起，每个院落的界面都略微转折了一下，之间是很窄的胡同，由于每个院子的转折角度不一样，石头墙夹缝形成的窄巷空间也就各不相同。同时转折的界面由于打破了直线，也消解了空间的透视感。

院落围合界面的尺度变化

项目名称：苏州"岸"会所
建筑设计：标准营造
图片来源：http://www.standardarchitecture.cn

苏州"岸"会所由一条折线形成的并排的 13 个带天窗的盒子或者说是院子，塑造了两个层次的院落关系：一个半包围的大院子和十三个梯形的小院落。这其中有许多空间的互成角度、宽窄不一、轻重有别的纵横分隔，成就了房间、院落、中庭、水体、天桥、步石穿插的空间复调。

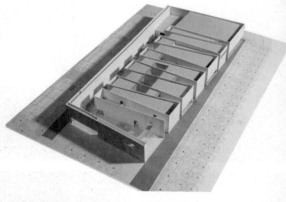

院落围合界面的尺度变化

项目名称：希尔城青年活动中心
建筑设计：O-office 建筑事务所
图片来源：http://www.gooood.hk

在该方案中，O-office 建筑事务所在竖向高度上对建筑进行"离析"，把建筑分离成两个水平空间层级，或者两种城市体验层次。绿化庭园随机穿透该水平建筑。从屋面垂下来的网状结构形成了下层院落的围合界面。植物顺延而上地生长，令两种空间体验相互交融。这种对于院落界面的处理，使人们把视线的焦点从院内的事物转移到院子本身上来。

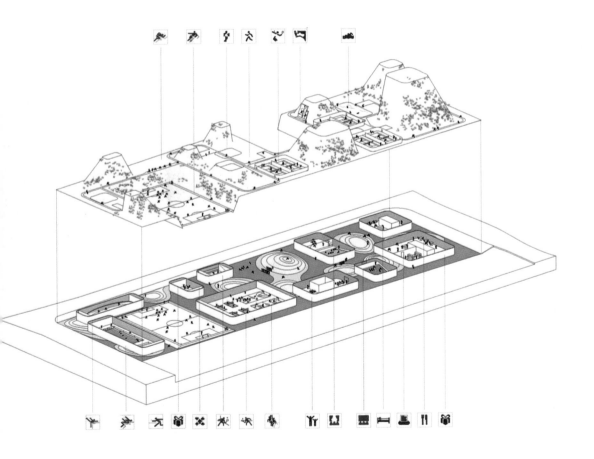

绿色城市功能图示

院落围合界面的尺度变化

项目名称：千住博美术馆
建筑设计：西泽立卫
图片来源：http://www.iarch.cn

西泽立卫设计的千住博美术馆是一个单层水平延展的美术馆。建筑内部通过片状的展板创造出一片均质模糊的空间。三个不同尺度的庭院的置入，不仅为室内引入了柔和的自然光，同时为均质的空间提供了空间识别的标志，避免了参观者在匀质空间中的迷失。

院落围合界面的尺度变化

项目名称：Vilhelmsro 小学
建筑设计：BIG 建筑事务所
图片来源：http://www.iarch.cn

　　在 Vilhelmsro 小学设计中，建筑师将起伏的山丘作为基地的起点，用一系列平行的绿色条带与周围环境地势进行融合。

　　波动的屋顶同时影响了室内外的空间感受。作为院落的围合界面，高低起伏的屋顶使处于院落中的人的视线时刻处于缩紧和开阔的交替当中，因此创造出了丰富的天空轮廓线。

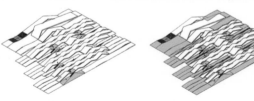

完落围合界面的尺度变化

项目名称：Moesgård 博物馆
建筑设计：亨宁·拉森建筑事务所
图片来源：http://www.iarch.cn

Moesgard 博物馆是一座从地形上掀起一块地面而形成的建筑。建筑师在这块完整的坡地上，切挖出 5 个截面为三角形的院落——应该只能被定义为半院落。其围合界面的变化影响了院落对环境的开放程度。院落的围合界面从有到无的变化过程体现出院落的存在感由强到弱的过程。

院落的多维度变化

项目名称：人体博物馆
建筑设计：BIG 建筑事务所、Egis、Base、L'Echo、Celsius
　　　　　Environnement 和 CCVH
图片来源：http://www.iarch.cn

在这个方案中，院落的界定变得十分困难。

一个体量始终在围合其他和被其他围合的状态中穿梭。院落的地面和围合界面的尺度在同时发生变化，这种变化使建筑在公园、城市、自然间找到平衡，建筑与草地和城市路面相互拥抱——就像交叉抱合的双手那样，成为一个编织统一的整体。

坐"井"观天——打开院落的第六界面

项目名称：法国曲面混凝土地铁站
建筑设计：King Kong 工作室
图片来源：http://www.iarch.cn

King Kong 工作室设计的法国曲面混凝土地铁站是一个开放的连续的曲线屋顶。屋顶的开口形成院落的限定，使人们可以由下至上的视角中观察院落。同时，这些圆孔会有自然光进入，并在同一时间投射至内部。高大的植物成为连接着内部和外部的媒介，形成过渡空间。

坐"井"观天——打开院落的第六界面

项目名称：哥本哈根大学活力广场
建筑设计：COBE 建筑事务所
图片来源：http://www.iarch.cn

这是另一个打开院落的第六界面的案例。这个大学广场被定义为地面上的"城市地毯"，地毯之下为三个自行车停车。当学生骑着自行车在地上与地下穿梭时，同时感受到院落第六界面的产生和消隐。

坐"井"观天——打开院落的第六界面

项目名称：匈牙利音乐厅
建筑设计：藤本壮介
图片来源：http://www.sou-fujimoto.net

　　这个音乐厅的屋顶是一个白色的充满孔洞的大天棚，让人联想到飘落的音符。这些孔洞会通过玻璃或者光线继续向下方的建筑内部延伸，为地下的功能房间提供充足采光和与外部对话的通道。

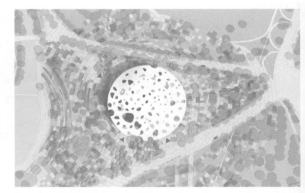

坐"井"观天——打开院落的第六界面

项目名称：丰岛美术馆
建筑设计：西泽立卫
图片来源：http://www.iarch.cn

人们透过丰岛美术馆无缝成形的天花板上的孔眼，能看到绿树和飞鸟，下雨时雨水就直接流到美术馆的地面上。开在天花板上的洞用其本身的边界，也用其透入的光圈在建筑内部限定了一个模糊的领域。在这个领域中，人的精神可以与自然对话，甚至可以与物外对话。

坐"井"观天——打开院落的第六界面

项目名称：舞动的村庄
建筑设计：MVRDV 建筑设计事务所
图片来源：http://photo.zhulong.com

该方案设计将房间沿着走廊进行带状组织，围绕形成一系列庭院。通过将建筑体块升起，实现了三个层面的景观。建筑形体的变化在建筑和环境之间创造了更多的视角和更多视觉上、生态上及功能上的联系。半公共的地面公园被巨大的拱形结构覆盖，创造出视线至上的连续景观。

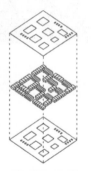

私人空间

↓

屋顶花园
私人空间
公园

天空 ↑
←进入通道

公园 ↓

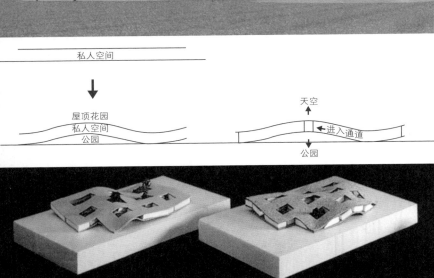

坐"井"观天——打开院落的第六界面

项目名称：劳力士学习中心
建筑设计：SANAA 建筑事务所
图片来源：http://www.sanaa.co.jp

　　该建筑物的地面大面积地使用了缓坡、阶梯构造，塑造了一浪接着一浪的波动形态。人们站在地面上，通过建筑掀起的巨大缝隙进入院落。开放而宽阔的下表面被展示在人们面前。该方案营造了一个开放的游憩空间。

倒立的院落

项目名称：智利落基山私人住宅
建筑设计：石上纯也
图片来源：http://www.iarch.cn

这是一个收藏家的私人住宅。一个圆盘形的住所建造在两个岩层之上，高于周围的地表，提供了独特的视野。地板上有几个大型圆形孔洞，在不同的角度创造了不同光照条件，光线通过崎岖的地形的反射，使内部的照明不断变化。由于地形的特殊性，这些地板上的孔洞承担了与院落同样的功能——采光和引入景观，它是一个"倒立的院落"。

内 容 提 要

"毯式建筑"产生于20世纪中期，当代的毯式建筑延续了早期毯式建筑的思想，重新探寻建筑与城市和环境景观的新关系。本书通过对毯式建筑的梳理和分析，试图重新发掘它的意义，本书还总结了当代毯式建筑的新特征。全书共两部分内容，第一部分解读毯式建筑的产生、发展和空间组织方式等；第二部分结合大量国内外优秀建筑设计案例，分析当代毯式建筑的非常规院落组织手法。

本书可供建筑师、高等院校建筑专业师生、建筑学爱好者阅读使用。

图书在版编目（ＣＩＰ）数据

非标准院落 ： 当代毯式建筑"非常规院落组织" ／
张玥编著. -- 北京 ： 中国水利水电出版社，2018.1
（非标准建筑笔记 ／ 赵劲松主编）
ISBN 978-7-5170-5882-3

Ⅰ．①非… Ⅱ．①张… Ⅲ．①建筑设计 Ⅳ．①TU2

中国版本图书馆CIP数据核字(2017)第236505号

书　　名	非标准建筑笔记
	非标准院落——当代毯式建筑"非常规院落组织"
	FEIBIAOZHUN YUANLUO——DANGDAI TANSHI JIANZHU "FEICHANGGUI YUANLUO ZUZHI"
作　　者	丛书主编　赵劲松
	张玥　编著
出版发行	中国水利水电出版社
	(北京市海淀区玉渊潭南路1号D座 100038)
	网址: www.waterpub.com.cn
	E-mail: sales@waterpub.com.cn
	电话: (010) 68367658 (营销中心)
经　　售	北京科水图书销售中心 (零售)
	电话: (010) 88383994、63202643、68545874
	全国各地新华书店和相关出版物销售网点
排　　版	北京时代澄宇科技有限公司
印　　刷	北京科信印刷有限公司
规　　格	170mm×240mm　16开本　9印张　138千字
版　　次	2018年1月第1版　2018年1月第1次印刷
印　　数	0001—3000册
定　　价	45.00元